Deepak Bhattacharya

Identificação de biomarcadores do stress oxidativo na depressão unipolar

Deepak Bhattacharya

Identificação de biomarcadores do stress oxidativo na depressão unipolar

ScienciaScripts

Imprint
Any brand names and product names mentioned in this book are subject to trademark, brand or patent protection and are trademarks or registered trademarks of their respective holders. The use of brand names, product names, common names, trade names, product descriptions etc. even without a particular marking in this work is in no way to be construed to mean that such names may be regarded as unrestricted in respect of trademark and brand protection legislation and could thus be used by anyone.

Cover image: www.ingimage.com

This book is a translation from the original published under ISBN 978-3-330-08718-7.

Publisher:
Sciencia Scripts
is a trademark of
Dodo Books Indian Ocean Ltd. and OmniScriptum S.R.L publishing group

120 High Road, East Finchley, London, N2 9ED, United Kingdom
Str. Armeneasca 28/1, office 1, Chisinau MD-2012, Republic of Moldova, Europe
Printed at: see last page
ISBN: 978-620-7-27373-7

Agradecimentos

Dedico este livro aos doentes e seus familiares que participaram nesta experiência, sabendo que o seu envolvimento abrirá caminho para o desenvolvimento de novas e mais precisas medidas de deteção e tratamento desta doença.
A minha universidade, a Guru Ghasidas University, apoiou-me em todas as fases desta experiência e a minha mãe sempre me motivou a fazer todos os esforços, a seguir em frente e a tomar medidas para triunfar sobre esta doença.

ÍNDICE DE CONTEÚDOS

É um pouco como andar por um longo e escuro corredor sem saber quando é que a luz se vai acender.

INTRODUÇÃO

A depressão é a perturbação clínica heterogénea e a perturbação psiquiátrica mais difundida. Pode ser classificada em dois tipos: -

1) Depressão unipolar. 2) Depressão bipolar.

A depressão bipolar varia da depressão unipolar; ambas têm o mesmo tipo de sintomas, mas a depressão unipolar tem mais sintomas, mais graves, mais frequentes e durante mais tempo.

Depressão unipolar definida pelo DSM-IV (associação psiquiátrica americana) da seguinte forma -

A depressão unipolar, também conhecida como perturbação depressiva major, é uma perturbação mental que ocupa a quarta posição na lista mundial de incapacidades e que se prevê que venha a ser a segunda doença mais frequente até 2030. (Mathers C.D. *et al* 2006) A depressão major não só diminui a produtividade e a qualidade de vida dos doentes, como também representa um encargo financeiro significativo para os cuidados de saúde. (Martinez F.C. et al 2013).

Apresenta os seguintes sintomas -

- Sensação constante de tristeza, irritabilidade ou tensão.
- Diminuição do interesse ou do prazer nas actividades ou passatempos habituais. Perda de energia, sensação de cansaço apesar da falta de atividade.
- Alteração do apetite, com perda ou aumento significativo de peso.

- Alteração dos padrões de sono, como dificuldade em dormir, despertar de manhã cedo ou dormir demasiado.

- Inquietação ou sensação de abrandamento.

- Diminuição da capacidade de tomar decisões ou de se concentrar. Sentimento de inutilidade, desespero ou culpa.

- Pensamentos recorrentes de morte ou suicídio, ideação suicida, ou plano ou tentativa de suicídio. (Michel,T.M.,*et al.*;2012)

A depressão unipolar, também conhecida como perturbação depressiva major, é uma perturbação mental que ocupa a quarta posição na lista mundial de incapacidades e que se prevê que venha a ser a segunda doença mais frequente até 2030. (Mathers C.D. et al 2006) A depressão major não só diminui a produtividade e a qualidade de vida dos doentes, como também representa um encargo financeiro significativo para os cuidados de saúde. (Martinez F.C. et al 2013). Apresenta os seguintes sintomas: -

- Sensação constante de tristeza, irritabilidade ou tensão.

- Diminuição do interesse ou do prazer nas actividades ou passatempos habituais. Perda de energia, sensação de cansaço apesar da falta de atividade.

- Alteração do apetite, com perda ou aumento significativo de peso.

- Alteração dos padrões de sono, como dificuldade em dormir, despertar de manhã cedo ou dormir demasiado.

- Inquietação ou sensação de abrandamento.

- Diminuição da capacidade de tomar decisões ou de se concentrar. Sentimento de inutilidade, desespero ou culpa.

- Pensamentos recorrentes de morte ou suicídio, ideação suicida, ou plano ou tentativa de suicídio. (Michel,T.M.,*et al.*;2012)

O DSM-IV-T6 reconhece duas categorias de depressão unipolar: **a depressão major** e a perturbação **distímica.** A perturbação distímica é uma forma menos grave de perturbação depressiva do que a depressão major, mas é mais crónica. Para ser diagnosticada com perturbação distímica, uma pessoa deve apresentar humor deprimido e dois outros sintomas de depressão durante pelo menos dois anos. Durante estes dois anos, a pessoa nunca deve ter estado sem os sintomas de depressão durante um período superior a dois meses. Algumas pessoas infelizes sofrem simultaneamente de depressão major e de perturbação distímica. Esta situação é designada por depressão dupla. As pessoas com depressão dupla são cronicamente distímicas e, ocasionalmente, entram em episódios de depressão major. No entanto, quando a depressão maior passa, regressam à distimia em vez de recuperarem um humor normal. (Jollies.J., *et al.* 1997)

De acordo com o NMHP (Programa Nacional de Saúde Mental) de 2008 da OMS, 510% da população total sofre de depressão unipolar. Entre estes, 17% dos adultos sofrem desta doença, que é a principal causa do aumento dos incidentes de suicídio em adultos. Estima-se que, no ano 2020, se a tendência atual se mantiver, a depressão será a segunda principal causa de anos de vida ajustados por incapacidade (DALY). (Schaefer, K.L.;*etal.*2010)

A depressão unipolar é uma doença neurodegenerativa que ocorre devido à apoptose de neurónios (neurónios dopaminérgicos) no cérebro devido ao **stress oxidativo**, o que leva a um desequilíbrio químico, ou seja, à flutuação do nível de neurotransmissores monoamínicos no cérebro, em particular uma das catecolaminas (dopamina, norepinefrina e serotonina), e este desequilíbrio químico dá origem à depressão unipolar. Apesar de os neurotransmissores estarem presentes em quantidades muito reduzidas e apenas numa parte específica do cérebro, não podem ser analisados diretamente, pelo que se coloca a hipótese de o stress oxidativo elevado ser relevante para a depressão unipolar. O stress oxidativo surge devido a uma perturbação do equilíbrio entre a homeostase pró-oxidante/antioxidante, que se traduz numa produção excessiva de radicais livres, como as espécies reactivas de oxigénio (ROS). Estas ROS provocam danos nas biomoléculas (lípidos, proteínas, ADN) e conduzem à apoptose celular, mas o sistema nervoso é especialmente vulnerável às espécies reactivas de oxigénio pelas seguintes razões

- O elevado consumo de oxigénio do cérebro para satisfazer necessidades energéticas elevadas, ou seja, um consumo elevado de O^2 , resulta numa produção excessiva de

ROS.

- As membranas neuronais são ricas em ácidos gordos polinsaturados (PUFA), que são particularmente vulneráveis ao ataque dos radicais livres.

- O elevado tráfego de Ca^{2+} através das membranas neuronais e a interferência do transporte de iões aumentam o Ca intracelular^{2+} conduzindo frequentemente a SO.

- O ferro é formado em todo o cérebro e as lesões cerebrais libertam facilmente iões de ferro capazes de catalisar reacções de radicais livres

- Os mecanismos de defesa antioxidante são modestos, com baixos níveis de catalase, glutationa peroxidase e vitamina E.

- Os EROs regulam negativamente as proteínas das junções estreitas.

- As mitocôndrias neuronais geram o_2

- A interação do NO com o superóxido pode também estar implicada na degeneração neuronal.

- As células neuronais não se reproduzem e são, por isso, sensíveis aos ERO. (Fanbarg, B.L.;2000)

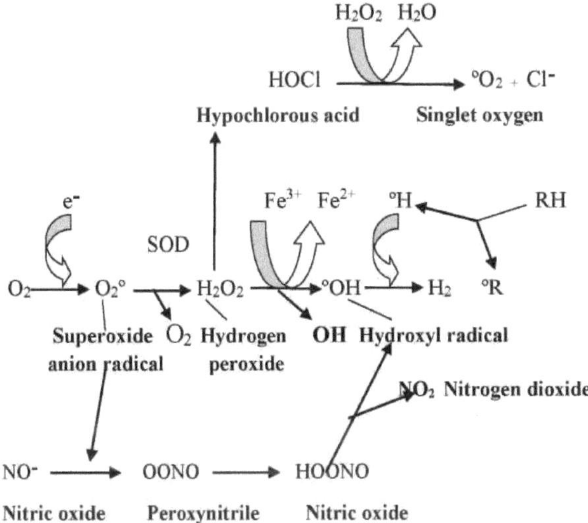

Fig 1: Geração de radicais livres

Por conseguinte, os biomarcadores do stress oxidativo podem ter um papel importante no diagnóstico precoce da depressão unipolar, uma vez que representam a relevância dos danos oxidativos para a depressão unipolar e o indivíduo doente pode ser submetido a um tratamento inicial, o que fornecerá ainda informações sobre a resposta do doente a esse tratamento. (Grabowski, H.G.,*etal.* 2003)

Além disso, estes biomarcadores candidatos devem preencher as seguintes características: -

- Deve ter limitações e ser bem caracterizado.
- O seu objetivo deve ser claramente divulgador. Deve permitir a comparação com outras perturbações neurobiológicas.
- Deve permitir a comparação com outras observações neurobiológicas.
- Deve ser atempada, clinicamente útil e rentável.
- Pode ser integrado na prática dos cuidados clínicos.

A depressão é viver num corpo que luta para sobreviver com uma mente que tenta morrer.

Aumento da depressão unipolar

Espécies reactivas de oxigénio

Num equilíbrio de oxidação-redução, as moléculas antioxidantes e oxidantes estão em equilíbrio no organismo. Quando um aumento dos radicais livres provoca um aumento da atividade dos sistemas antioxidantes, isto conduz a um estado de homeostase redox. A perda do equilíbrio de oxidação-redução no organismo, causada por um excesso de oxidantes ou por um défice do sistema antioxidante, é definida como um estado de stress oxidativo, que se caracteriza por níveis elevados de espécies reactivas. (Crisóstomo, N.C.;2000). Estas são expressas no organismo durante o metabolismo normal. O stress oxidativo ligeiro e os radicais livres desempenham um papel significativo na regulação de muitos processos no organismo, por exemplo, durante a fagocitose, a apoptose, a fertilização do ovo ou a ativação de determinados factores de transcrição ou nas vias de sinalização celular.

Efeito das espécies reactivas de oxigénio nas células

No entanto, se os ROS e os RNS forem produzidos em grande quantidade e no local errado, podem causar modificações oxidativas dos lípidos, proteínas e ADN. Podem modificar as membranas celulares e a função dos receptores e alterar a atividade das enzimas e dos genes. O stress oxidativo contribui também para o envelhecimento. Para combater a produção excessiva de ROS e RNS, o organismo criou sistemas e mecanismos de proteção contra os seus efeitos tóxicos. A proteção está organizada a três níveis:

(a) Sistemas que impedem a formação de FR, tais como inibidores de enzimas que catalisam a formação de FR.

(b) Quando estes sistemas de proteção primários são insuficientes e os FR e os ERO já se encontram formados, entram em ação os sequestradores e captadores de FR que eliminam a elevada reatividade dos ERO, transformando-os

em metabolitos não radicais e não tóxicos. Estes compostos são designados por antioxidantes e impedem a oxidação de moléculas biologicamente importantes por FR ou ROS.

(c) Se a proteção do organismo falhar a este nível, os sistemas de reparação reconhecem as moléculas danificadas e decompõem-nas, como é o caso das proteinases nas proteínas modificadas por oxidação, das lipases nos lípidos danificados por oxidação ou dos sistemas de reparação do ADN nas bases de ADN modificadas.

Neurodegeneração por espécies reactivas de oxigénio

O estado de stress oxidativo tem um papel importante no desenvolvimento de muitas doenças neurodegenerativas e noutros processos relacionados com o envelhecimento patológico (Flovd et al., 2011). A plasticidade cerebral permite que certas funções mentais funcionem normalmente, por exemplo, o processo de aprendizagem e memória. As sinapses que se formam entre os neurónios são altamente organizadas e são estruturas específicas que permitem interacções rápidas e altamente selectivas entre as células em resposta às constantes alterações ambientais que produzem a neuroplasticidade (Jungerman, B. et al., 2011). Isso permite que as células do sistema nervoso sejam funcionais e continuamente modificadas estruturalmente para estabelecer novos dendritos e conexões sinápticas. O processo de plasticidade cerebral pode ser alterado pelo stress oxidativo, que produz danos oxidativos, perda de processos, morte de sinapses e alteração na formação de novas células.

(Arancibia,R. et al., 2010). A transmissão sináptica envolve a libertação de neurotransmissores dos neurónios pré-sinápticos e a sua deteção por um recetor específico na superfície da membrana do neurónio pós-sináptico. Em condições de homeostase, a plasticidade sináptica é regulada por alterações no número de receptores na membrana pós-sináptica, alterações na forma e no tamanho das espinhas dos dendritos e modulação cinética da síntese e degradação de proteínas.

Doenças Neurodegenerativas - Processos, Prevenção, Proteção e Monitorização.

As espécies reactivas produzem a oxidação dos lípidos, das proteínas e do ADN da célula, desdobrando as proteínas. A oxidação das moléculas que formam a membrana celular altera a sua permeabilidade selectiva, o que leva a uma perda do equilíbrio osmótico.

Smythies (1999) propôs a hipótese redox da aprendizagem e da neurocomputação. Esta hipótese sugere que os sinais redox podem controlar um mecanismo envolvido na plasticidade cerebral, no qual o crescimento e a eliminação de sinapses e espinhas dendríticas dependem do estado redox. O destino de uma sinapse depende em parte do equilíbrio redox, o que significa que se a célula oxidante-ambiental produzir um estado de stress oxidativo, as espécies reactivas de oxigénio (ROS) provocam a eliminação das espinhas. Este facto foi demonstrado no alcoolismo e nas doenças neurodegenerativas (Gotz et al, 2001).

Se o ambiente da célula for antioxidante, as sinapses são preservadas (Smythies, 1999) e aumentam o número de sinapses, facilitando os fenómenos de plasticidade cerebral. O sistema nervoso central (SNC) é especialmente sensível aos oxidantes devido ao seu elevado teor de lípidos, ao elevado consumo de oxigénio e aos baixos níveis de enzimas antioxidantes, porque contém neurotransmissores como a acetilcolina e o glutamato, e também tem a capacidade de produzir novos neurónios no dentistagiro, o que o torna suscetível a alterações redox.

Esta resposta é em parte modulada por alterações oxidativas e um excesso de espécies reactivas bloqueia a neurogénese (Arancibia,R. etal., 2010). No cérebro, o metabolismo normal da dopamina envolve muitas reacções oxidativas. Num estado de equilíbrio redox, a oxidação da dopamina não perturba o metabolismo normal da dopamina, porque a dopamina oxidada é convertida por uma série complexa de reacções em neuromelanina. A perda do equilíbrio redox provoca a oxidação da dopamina citoplasmática na presença de metais de transição, com a formação de superóxido, peróxido de hidrogénio e radical hidroxilo. Os neurónios dopaminérgicos da substância negra estão envolvidos em funções distintas, como os processos de aprendizagem e memória e o controlo motor. Com a perda do equilíbrio redox, estes neurónios sofrem facilmente danos oxidativos e começam a produzir uma cadeia de eventos, em que a síntese e o percurso metabólico da dopamina contribuem para o aumento do estado de stress oxidativo devido à formação de quinonas, tornando a via nigroestriatal muito mais vulnerável a danos em comparação com outras estruturas cerebrais (Lopez et,S.et al., 2010). Foram utilizados vários métodos para estudar o stress oxidativo e o seu significado biológico no organismo. Estes vão desde a bioquímica, a cultura de células e os modelos animais até aos estudos clínicos, segundo os quais as ROS oxidam o ADN, as proteínas e as membranas lipídicas (Postlethwait et al.,1998), que, se não forem compensadas, causam danos e morte celular. As defesas antioxidantes são capazes de neutralizam os danos, dependendo da dose e do tempo de exposição, mas quando são ultrapassados inicia-se uma cadeia de reacções químicas que leva à formação de ROS.

Vulnerabilidade dos tecidos cerebrais às espécies reactivas de oxigénio

As ROS passam para o sangue e, através da corrente sanguínea, atingem todo o organismo, produzindo um estado de stress oxidativo generalizado (Arancibia,R.; et al., 2000). O stress oxidativo provoca alterações na plasticidade cerebral que se manifestam pelo défice nos processos de aprendizagem, na memória e no comportamento da atividade motora.

O tecido cerebral é o mais vulnerável ao dano oxidativo causado pelo seu elevado consumo de oxigénio, uma elevada taxa metabólica e baixos níveis de enzimas antioxidantes, como a SOD, a glutationa peroxidase e a catalase. Como cérebro envolvido no elevado consumo de O_2 , as grandes quantidades de ATP necessárias para manter a homeostase iónica intracelular neuronal face a todas as aberturas e fechos de canais iónicos associados à propagação de potenciais de ação e à neurossecreção. Um aumento substancial dos níveis de peróxidos lipídicos é causado por um aumento das ERO, devido ao elevado teor de ácidos gordos polinsaturados no cérebro, que são muito susceptíveis à oxidação. As diferentes estruturas cerebrais apresentam diferenças na sua resposta aos danos oxidativos. Assim, a interrupção da função mitocondrial nos neurónios por toxinas, ou a falta de fornecimento de O_2 ou de substratos para a produção de energia, produz danos rápidos. Por conseguinte, os biomarcadores do stress oxidativo podem ser considerados como uma forma eficaz de detetar a depressão unipolar na sua fase inicial.

Biomarcadores em estudo

Atualmente, alguns dos seguintes biomarcadores do stress oxidativo estão a ser considerados pelos investigadores: -

BDNF:- O BDNF é um fator neurotrófico derivado do cérebro sérico, que está envolvido na promoção da plasticidade sináptica e da conetividade neuronal. Apesar de critérios fenomenológicos claros, o diagnóstico diferencial da depressão unipolar e bipolar continua a ser um desafio clínico. O diagnóstico diferencial entre episódios depressivos de DB e depressão unipolar é fundamental para evitar erros de diagnóstico, atrasos no tratamento adequado e um mau prognóstico. As perturbações unipolares têm sido amplamente reconhecidas como perturbações que afectam as neurotrofinas, em especial o fator neurotrófico derivado do cérebro (BDNF). (Berk et al., 2008; Kapczinski et al.,

2008) A ideia de que as alterações no nível de BDNF podem estar envolvidas na fisiopatologia dos episódios depressivos da DB e da depressão unipolar tem sido amplamente relatada (Duman et al., 1997, 2000; Cunha et al.,2006; Gama et al., 2007; Machado-Vieira et al., 2007; Guimaraeset al., 2008; Kapczinski et al., 2008b,c; Kauer-Sant'Anna et al.,2008; Fernandes et al., 2009; Oliveira et al., 2009). A sensibilidade e a especificidade óptimas do rácio de BDNF sérico para o diagnóstico de um episódio depressivo de DB foram determinadas pela análise da curva ROC (receiver operating characteristic), utilizando uma abordagem não paramétrica. O resultado foi que os níveis séricos de BDNF na DB eram mais de 50% inferiores aos dos controlos e dos doentes com depressão unipolar. Os níveis séricos de BDNF não foram influenciados pela idade e pelo género e revelaram uma precisão global de 95% no diagnóstico da depressão bipolar.

F2-IsoPS :- Os F2-isoprostanos (F2-IsoPs) (produtos da peroxidação do ácido araquidónico induzida por radicais livres) são atualmente considerados como o marcador mais fiável de danos oxidativos nos seres humanos [Halliwell, B.;et al.;.2009]. Os F2-IsoPs estão presentes numa forma esterificada nos fosfolípidos e são libertados numa forma livre através das actividades da fosfolipase A2 (PLA2) e do fator de ativação plaquetária-acetil-hidrolase (PAF-AH).

HETES :- produtos do ácido hidroxiicosatetraenóico (HETE) O ácido araquidónico também pode ser oxidado enzimaticamente e não enzimaticamente para gerar produtos (HETE) Foram identificados vários isómeros de HETE (como o 5-, 8-, 9-, 11-, 12-, 15- e 20-HETE) e sabe-se que alguns têm efeitos vasoactivos.

COPS: - Os produtos da oxidação do colesterol (COP) são um grupo de oxisteróis produzidos a partir da oxidação do colesterol através das vias enzimáticas do citocromo

P450 (para dar 24 e 27-hidroxesterol) e não-citocromo P450 (para dar 7β-hidroxesterol e 7-cetocolesterol). (Diczfalusy, U.et.al;2004).

F4-NPS: - Os neuroprostanos (F4-NPs) são produtos oxidados do ácido docosahexaenóico (DHA) que se encontram altamente concentrados nas membranas neuronais (Markesbery, W. R. et al., 1998).

NAA :- O ácido N-acetil-aspártico (NAA) é um biomarcador específico dos neurónios.

Biomarcadores periféricos: - de acordo com Schimdt D.; 2012, o sangue periférico (PB) (soro/plasma) ou a urina, ou mesmo os próprios tecidos periféricos, como os fibroblastos ou as células sanguíneas, podem revelar-se uma boa alternativa para a deteção do stress oxidativo, em comparação com outras fontes, como o BDNF e o LCR (biomarcadores do sistema nervoso central), uma vez que os estudos relacionados com estes factores apresentam algumas limitações em relação aos biomarcadores periféricos

- Volume da amostra obtido do SNC.

- A recolha de amostras do SNC é um processo fastidioso.

- O stress oxidativo medido diretamente no SNC apresenta resultados indesejáveis em comparação com os biomarcadores periféricos.

Produtos da peroxidação lipídica:

A peroxidação lipídica é uma cadeia de reacções mediada por radicais livres que, uma vez iniciada, resulta numa deterioração oxidativa dos lípidos poli-insaturados. Os alvos mais comuns são os componentes das membranas biológicas. Quando se propagam nas membranas biológicas, estas reacções podem ser iniciadas ou ter efeitos.

O MDA é um aldeído de três carbonos e baixo peso molecular que pode ser produzido por diferentes mecanismos. (Farina,M.et al.2008) postulou um mecanismo de formação de MDA baseado no facto de que apenas os peróxidos que possuem a ou Punsaturações no grupo peróxido poderiam ser capazes de sofrer ciclização para finalmente formar MDA

(8-oxodG): -8-hidroxi-2'-deoxiguanosina urináriaA medição da 8-oxodG na urina é mais simples. A 8-oxodG extracelular é excretada na urina sem metabolismo adicional. É estável na urina e as concentrações não são afectadas diretamente pela dieta ou pela morte celular. A origem do 8-oxodG na urina não é clara, mas acredita-se que seja devido ao saneamento do pool de nucleótidos. Isto torna o 8-oxodG na urina um biomarcador potencialmente específico e robusto do stress oxidativo de "todo o organismo" (Cooke M.S.;et al.2005;Kasai H.;et al.2001).

LCR: - Líquido cefalorraquidiano (LCR) obtido por punção lombar. O LCR é uma fonte promissora de biomarcadores não só para a depressão unipolar, mas também para outras doenças neurodegenerativas, uma vez que o LCR está em contacto direto com o líquido intersticial do cérebro, onde se podem refletir as alterações bioquímicas relacionadas com a doença. Quando os radicais livres danificam proteínas como o neuroaxónio, estas proteínas são libertadas no LCR, onde podem ser quantificadas através dos seguintes marcadores do LCR: 1) Tau 2) t-tau do LCR. (Tumani H.;2008) O alvo das espécies reactivas é a dupla ligação carbono-carbono dos ácidos gordos polinsaturados (I). Esta dupla ligação enfraquece a ligação carbono-hidrogénio, permitindo a fácil abstração do hidrogénio por um radical livre. Assim, um radical livre pode abstrair o átomo de hidrogénio e forma-se um radical livre lipídico (II), que sofre oxidação gerando um radical peroxilo (III). O radical peroxil pode reagir com outros ácidos gordos polinsaturados, abstraindo um eletrão e produzindo um hidroperóxido lipídico (IV) e outro radical livre lipídico. Este processo pode ser propagado continuamente numa reação em cadeia. O hidroperóxido lipídico é instável e a sua fragmentação dá origem a produtos como o malondialdeído (V) e o 4-hidroxi-2-nonenal..:

O MDA (malondialdeído) é um subproduto da peroxidação dos lípidos que indica a extensão da peroxidação dos lípidos que ocorre nos neurónios. O 4-hidroxinonenal (4-HNE) tem um papel importante no stress oxidativo. O 4-HNE é um aldeído formado pela peroxidação do ácido gordo ®-6.9 Concentrações milimolares de 4-HNE levam à depleção de glutatião, à inibição da síntese de ADN, ARN e proteínas e são agudamente citotóxicas. As células neurais são ricas em PUFA (ácido gordo poli-insaturado) e geralmente indefesas contra os ROS, que levam à oxidação dos lípidos na membrana e conduzem à apoptose celular.

Modificações pós-traducionais das estruturas proteicas pelo stress oxidativo

Quando a concentração de ERO excede a capacidade celular de os eliminar, conduz à modificação das cadeias laterais de aminoácidos e a alterações notáveis na estrutura secundária e terciária da molécula de proteína. Estas modificações proteicas provocadas pelos oxidantes conduzem geralmente à perda da função biológica da proteína.

A oxidação das proteínas induz alterações estruturais, que resultam no seu desdobramento e, consequentemente, num aumento da hidrofobicidade da superfície da proteína. A hidrofobicidade da superfície é o fator-chave para o reconhecimento e a degradação do substrato por várias proteases.

Com base nos estudos anteriores realizados sobre o stress oxidativo como uma das principais causas da neurodegeneração e na utilização de alguns biomarcadores periféricos do stress oxidativo para a deteção da neurodegeneração, pode estimar-se que os biomarcadores do stress oxidativo podem ser considerados como uma medida adequada para determinar a depressão unipolar na sua fase inicial.

Visão geral dos factores celulares que dão origem à depressão unipolar

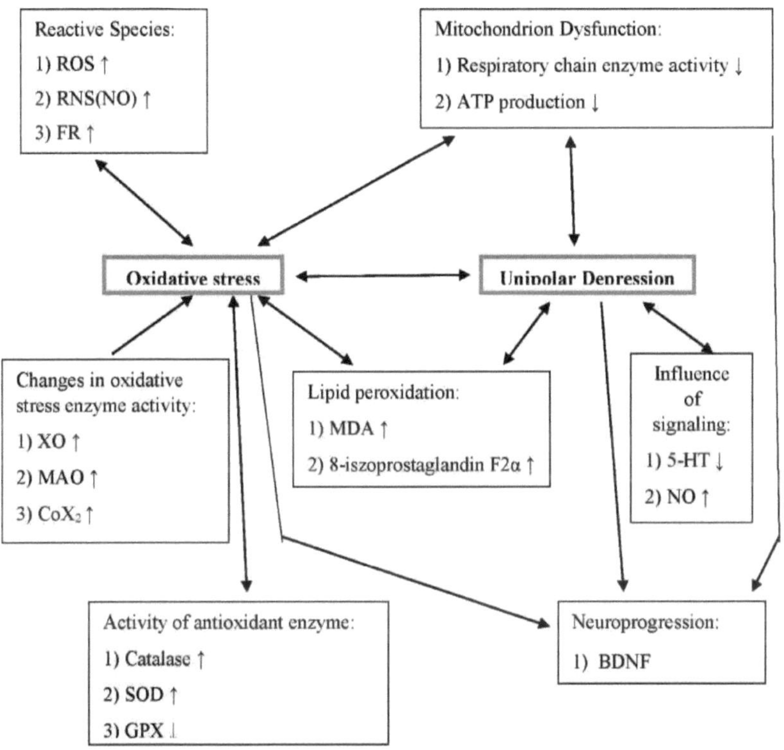

Reactive Species:
1) ROS ↑
2) RNS(NO) ↑
3) FR ↑
Mitochondrion Dysfunction:
1) Respiratory chain enzyme activity ↓
2) ATP production ↓
Oxidative stress
Unipolar Depression
Changes in oxidative stress enzyme activity:
1) XO ↑
2) MAO ↑
3) CoX₂ ↑
Lipid peroxidation:
1) MDA ↑
2) 8-iszoprostaglandin F2α ↑
Influence of signaling:
1) 5-HT ↓
2) NO ↑
Activity of antioxidant enzyme:
1) Catalase ↑
2) SOD ↑
3) GPX ↓
Neuroprogression:
1) BDNF

Materiais e métodos

População do estudo*: - foram colhidas amostras de sangue de doentes que sofrem de depressão unipolar na OPD (Outpatient Disorder Clinic), depois de obter a aprovação escrita do reitor do CIMS (Chhattisgarh Institute of Medical Sciences). Para efeitos de relevância e comparação adequadas, foram também colhidas amostras de sangue de indivíduos normais (que não sofrem de qualquer tipo de doença neurodegenerativa), considerando-os como um controlo: -

***Colheita de sangue e isolamento do soro:* -**

Foram colhidos 5 ml de sangue de cada indivíduo normal e afetado por punção venosa para um frasco sem anticoagulante. As amostras de sangue recolhidas dos doentes e do controlo foram mantidas à temperatura ambiente normal durante meia hora e centrifugadas a 3000 rpm durante 10 minutos. A fração de soro separada foi isolada e armazenada a -20°C no congelador.

O soro obtido foi submetido a dois tipos de análises: -
1) Análises bioquímicas
2) Proteómica ou análise de proteínas

Análises bioquímicas

A análise bioquímica envolve os parâmetros bioquímicos ou testes que determinam a taxa de produção de ROS e a atividade enzimática das enzimas que funcionam como antioxidantes.

Os seguintes ensaios bioquímicos são aplicados para analisar as biomoléculas que são afectadas pelo stress oxidativo
1)   Ensaio DPPH
2)   Ensaio de atividade da catalase

3)   Ensaio de peroxidação lipídica

Ensaio DPPH: -

Princípio: O DPPH 2,2-difenil-1-picrilhidrazil (DPPH) tem sido amplamente utilizado para avaliar a eficácia de eliminação de radicais livres de várias substâncias antioxidantes. A eliminação de radicais DPPH é fácil de utilizar, tem uma elevada sensibilidade e permite uma análise rápida da atividade antioxidante de um grande número de amostras. O DPPH é um radical livre que absorve a 517 nm e aceita um eletrão ou um radical de hidrogénio para se tornar uma molécula diamagnética estável. No ensaio DPPH, os antioxidantes doadores de hidrogénio foram capazes de reduzir o radical estável DPPH a difenil-picrilhidrazina de cor amarela em solução metanólica. Como resultado, a absorvância a 517 nm diminui devido ao aumento da forma não-radicalar do DPPH.

Protocolo

1) Efetuar a diluição em série da amostra de soro nas seguintes séries: 1/100, 1/200, 1/300, 1/400, 1/500 em metanol.

2) A cada amostra diluída adicionar 500 pL de solução DPPH 1mM, misturar a amostra agitando-a no vórtex.

3) Incubar a amostra à temperatura ambiente durante 40 minutos.

4) Determinação da atividade de eliminação de radicais; a absorvância da amostra acima referida é determinada por espetrofotómetro uv-vis a uma absorvância de 517 nm. O ensaio de eliminação do radical DPPH foi determinado pela seguinte fórmula

Eliminação de radicais = [(absorvância do controlo - absorvância da amostra) / actividadeabsorvância   do controlo] *100

(Chen, J.C.;et al.2007)

Ensaio de atividade da catalase:

A catalase é uma enzima comum encontrada em quase todos os organismos vivos expostos ao oxigénio (como bactérias, plantas e animais). Está presente principalmente nos peroxissomas das células dos mamíferos. A catalase tem duas actividades enzimáticas, dependendo da concentração de H2O2. Se a concentração de H2O2 for elevada, a catalase actua cataliticamente, ou seja, remove o H2O2 formando H2O e O2 (reação catalítica).

No entanto, a uma baixa concentração de H2O2 e na presença de um dador de hidrogénio adequado, por exemplo, etanol, metanol, fenol e outros, a catalase actua peroxidicamente, removendo o H2O2, mas oxidando o seu substrato (reação peroxidativa).

Princípio: O peróxido de hidrogénio é um intermediário omnipresente no ciclo energético da célula e encontra-se em grande concentração nas mitocôndrias. É também utilizado em muitas reacções celulares como substrato para criar proteínas orgânicas. Provoca a formação de radicais de oxigénio quando estão presentes catiões ferrosos. O peróxido de hidrogénio pode criar um radical hidroxilo (o agente oxidante mais forte conhecido) através da reação catalítica de Fenton e da reação de Haber-Weiss: -

(I) $\bullet O^{2-} + H_2O_2 \rightarrow \bullet OH + HO- + O_2$

(II) $Fe^{3+} + \bullet O^{2-} \rightarrow Fe^{2}+ + O_2$

III) $Fe^{2+} + H_2O_2 \rightarrow Fe^{3+} + OH- + \bullet OH$

Alguns dos membros da família MAPK também foram implicados como potenciais alvos dos ERO. A Big MAPK-1 (BMK-1) parece ser muito mais sensível do que a ERK1/ERK2 ao H2O2 em várias linhas celulares testadas e sugere um papel potencialmente importante para a BMK-1 como quinase sensível à redox (Victor,J;et al.2000), juntamente com efeitos detoriuos nas proteínas, lípidos e ADN. A enzima catalase é um antioxidante endógeno presente em todas as células aeróbias que ajuda a facilitar a remoção do peróxido de hidrogénio para evitar que este tipo de condições provoque a hidrólise do H2O2 em água e oxigénio.

1) Adicionar 50 pL de amostra a 2950 pL de H_2O_2 0,059M (30%).

2) Misturar a amostra por agitação em vórtice.

3) <u>Determinação da atividade catalítica:</u> Tomar a absorvância da amostra no espetrofotómetro uv-vis no comprimento de onda de 240nm com referência ao tampão de fosfato de potássio 0,05M em intervalos regulares de 60 segundos; a atividade enzimática é determinada pela seguinte fórmula -

Atividade da catalase = [(absorvância a 240 nm por min.x1000) /

(U/mL)   (43,6 x volume de enzima por mL de mistura de reação)]

(Lente,V.F.; et al.1990)

LPO (Ensaio de peroxidação lipídica): -

A peroxidação lipídica é um processo gerado naturalmente em pequenas quantidades no organismo, principalmente pelo efeito de várias espécies reactivas de oxigénio (radical hidroxilo, peróxido de hidrogénio, etc.). Pode também ser gerada pela ação de vários fagócitos. Estas espécies reactivas de oxigénio atacam rapidamente os ácidos gordos polinsaturados da membrana dos ácidos gordos, iniciando uma reação em cadeia que se auto-propaga. A destruição dos lípidos da membrana e os produtos finais destas reacções de peroxidação lipídica são especialmente perigosos para a viabilidade das células e mesmo dos tecidos.

Princípio: Os radicais livres induzem a peroxidação lipídica, desempenhando um papel importante nos processos patológicos. As células neuronais possuem uma elevada quantidade de PUFA (ácidos gordos polinsaturados) nos lípidos, a lesão mediada por radicais livres pode ser medida por dienos conjugados, malondialdeído (MDA) que é um subproduto da LPO.

Protocolo:

1) Adicionar 455pL de reagente TBA a 140pL de amostra de soro.

2) Misturar a amostra em vórtex e incubar num banho de água a ferver durante 15 minutos.

3) Arrefecer a solução à temperatura ambiente e o precipitado floculento foi removido por centrifugação a 2000 rpm durante 10 min.

4) Recolher o sobrenadante cor-de-rosa num novo tubo.

5) <u>Determinação da concentração</u>: medir a absorvância do sobrenadante cor-de-rosa no espetrofotómetro uv-vis, no comprimento de onda de 535 nm, utilizando um coeficiente de extinção de $1,56 \times 105$ M^{-1} cm^{-1}.

6) A densidade ótica da cor rosa formada é diretamente proporcional à concentração de MDA na amostra de soro, calculada com base no gráfico padrão.

Fórmula para a determinação da concentração de MDA: -

Malondialdeído = absorvância a 535 nm x 1,56*105 Concentração (M

PERFIL PROTEICO

A análise das proteínas é efectuada para estudar as modificações oxidativas das proteínas. As ROS podem alterar a estrutura e a função das proteínas modificando resíduos de aminoácidos críticos, induzindo a dimerização das proteínas e interagindo com as porções Fe-S ou outros complexos metálicos. As modificações oxidativas de aminoácidos críticos no domínio funcional das proteínas podem ocorrer de várias formas. De longe, a mais bem descrita dessas modificações envolve resíduos de cisteína. O grupo sulfidrilo (-SH) de um único resíduo de cisteína é oxidado para formar derivados sulfénicos (-SOH), sulfínicos (-SO2H), sulfónicos (-SO3H) ou S-glutatiónicos (-SSG).

Tais alterações podem alterar a atividade de uma enzima se a cisteína crítica estiver localizada no seu domínio catalítico ou a capacidade de um fator de transcrição para ligar o ADN se estiver localizada no seu motivo de ligação ao ADN.

Os seguintes parâmetros de ensaio são aplicados para a análise de proteínas que são afectadas pelo stress oxidativo

1)   Determinação da concentração de proteínas.

2)   PÁGINA SDS

Determinação da concentração proteica do soro: -

O método de Lowry é utilizado para determinar a concentração de proteínas no soro e comparado com o gráfico padrão de BSA (albumina de soro bovino).

Princípio do ensaio Lowry

O método de Lowry é um método muito sensível para baixas concentrações de proteínas. Neste método, o grupo fenólico dos resíduos de tirosina e triptofano (aminoácidos) numa proteína produzirá uma cor púrpura azul com o reagente Folin-Ciocalteau, que consiste em molibdato e fosfato de tungstato de sódio. Assim, a intensidade da cor depende da quantidade destes aminoácidos aromáticos presentes e, por conseguinte, varia consoante as proteínas.

Protocolo:

1) Adicionar 10 pl de amostra de soro a 990pL de água destilada, misturar a solução agitando suavemente no vórtex.

2) Adicionar 4,5 mL da solução C à solução acima referida e misturar a amostra em vórtice.

3) Incubar a solução no escuro durante 30 minutos, adicionar 0,5 ml de reagente de folinas e incubar durante 10 minutos, a solução mudará para a cor azul.

Determinação da concentração: A concentração da solução é determinada utilizando o espetrofotómetro uv-vis no comprimento de onda de 660 nm. (Lowry, O.H.et al.1951), utilizando 0,1 O.D.= 400pg/mL do gráfico padrão.

<u>**SDS PAGE (eletroforese em gel de poliacrilamida com dodecil-sulfito de sódio):**</u>

A análise das proteínas é efectuada por SDS-PAGE (eletroforese em gel de poliacrilamida com Dodecossulfito de sódio). Neste processo, as moléculas de proteína são separadas com base na carga e no tamanho. A SDS PAGE é um método de eletroforese de proteínas. A SDS PAGE utiliza um detergente aniónico SDS para desnaturar as proteínas. Um SDS liga-se a 2 aminoácidos. Devido a este facto, a carga em relação à massa de todas as proteínas desnaturadas na mistura torna-se constante. As moléculas de proteína movem-se em direção ao gel (ânodo) apenas com base nos seus pesos moleculares e são separadas. O rácio carga/massa varia para cada proteína (na sua forma nativa ou parcialmente desnaturada). A estimativa do peso molecular seria então complexa. Por conseguinte, é utilizada a desnaturação com SDS. A matriz do gel é formada por poliacrilamida. As cadeias de poliacrilamida são reticuladas por comonómeros de N,N-metileno bisacrilamida. A polimerização é iniciada por persulfato de amónio (fonte de radicais) e catalisada por TEMED (um dador e aceitador de radicais livres). Estes géis são normalmente utilizados a uma corrente constante.

Protocolo:

1) *Preparação do gel:* Lavar e limpar as placas SDS PAGE e o reservatório de tampão para a moldagem e a passagem do gel.

2) Misturar os componentes do tampão de resolução num tubo de 15 ml e transferir para as placas com uma pipeta; adicionar um pouco de água por cima do tampão de resolução para obter uma camada uniforme.

3) Depois de o gel de resolução solidificar, deitar fora a água, misturar os componentes do gel de empilhamento e transferir para o tabuleiro acima do gel de resolução.

4) Colocar imediatamente o pente no gel de empilhamento.

5) *Preparação da* amostra: misturar a amostra de carga e o corante de carga na proporção de 1:5.

6) Incubar a 100°C durante 5 min.

7) *Carregamento da amostra no gel:* transferir o tabuleiro do gel para o tanque

de tampão e deitar tampão de corrida SDS 1X.

8) Colocar 5pL de amostra em cada poço juntamente com o marcador de proteínas.

9) *Execução do gel SDS PAGE:* Ligar a cuba à fonte de alimentação através de eléctrodos, regular a fonte de alimentação para 45mA e iniciar a corrida.

10) Quando a amostra sai do poço, aumenta até 70mA.

11) Após a corrida do gel, transferir o gel para a solução de coloração Coomassie brilliant blue durante 90 min. em modo de agitação.

12) Transferir o gel para uma solução de descoloração durante uma noite.

13) Observar as bandas no sistema Gel Doc.

14) A massa molecular da amostra de proteína pode ser determinada pelas bandas do marcador

Resultados

<u>Dados gerados a partir de análises bioquímicas de amostras de soro</u>

TABELA N.º 1:- *<u>Comparação da atividade de eliminação do radical (RSA) no controlo e no indivíduo que sofre de depressão unipolar</u>*

Concentration of serum(µg/ml)	Control n=10	Unipolar depression n=10	p value
6.0	76.24%(0.093)	65.25%(0.105)	0.235
3.0	68.15%(0.087) *	36.48%(0.089) *	0.0248
2.0	63.30%(0.093)	31.11%(0.094)	0.0581
1.5	59.51%(0.091) *	22.79%(0.112) *	0.00534
1.4	51.71%(.108) *	19.825(0.124) *	0.00510

No quadro, os dados (RSA) são representados como MEAN (S.E.)

Representa $p < 0,05$

TABELA N.º 2: - *Comparação <u>da atividade da catalase no controlo e nos indivíduos que sofrem de depressão unipolar</u>*

Time interval in sec	Control n=10	Unipolar depression n=10
60	276.73(0.013)	123.42(0.018)
120	163.69(0.018)	111.58(0.035)
180	66.13(0.048)	74.93(0.044)
240	49.39(0.080)	74.68(0.016)
300	39.07(0.115)	69.31(0.041)

360	36.59(0.104)	62.60(0.027)
420	19.12(0.17	50.41(0.048)
480	12.37(0.19)	41.87(0.085)
540	10.39(0.2360)	23.64(0.057)

No quadro n.º 2, os dados (atividade da catalase U/ml) estão representados como média ± S.

TABELA N.º 3: *-Comparação da peroxidação lipídica no controlo e no indivíduo que sofre de depressão unipolar*

Sample concentration in µg/ml	Control n=10	Unipolar depression n=10
2µg/ml	0.0383(0.023)	0.162(0.056)

In this table data represented as mean±S.E.

<u>Dados gerados a partir da análise de proteínas de amostras de soro</u>

TABELA n.º 1:-representação dos dados demográficos dos indivíduos de controlo e dos indivíduos que sofrem de depressão unipolar

S.no.	Category	Age	Gender	Protein concentration of serum in ng/ml
1	control	28	Male	701.2
2	control	28	Female	759.6
3	control	35	Male	342
4	control	40	Male	482
5	control	48	Male	384
6	control	26	Female	564
7	control	22	Male	649.3
8	control	22	Male	588
9	control	38	Female	360.8
10	control	25	Male	513.2

O quadro n.º 2 apresenta os dados demográficos dos indivíduos de controlo e dos indivíduos que sofrem de depressão unipolar

S.no.	Category	Age	Gender	Protein concentration of serum in ng/ml
1	Diseased	26	Male	418.8
2	Diseased	30	Male	513.2
3	Diseased	48	Male	260
4	Diseased	26	Female	298.4
5	Diseased	38	Male	385.4
6	Diseased	22	Male	245.2
7	Diseased	35	Male	76
8	Diseased	30	Female	129.2
9	Diseased	22	Female	600
10	Diseased	25	Male	564.4

Discussão

Discussão dos dados obtidos com o ensaio bioquímico e o perfil proteico.

Análise estatística dos dados do ensaio bioquímico:

Ensaio de eliminação do radical DPPH

Fig. no. 1 *Gráfico do ensaio de eliminação do radical DPPH*

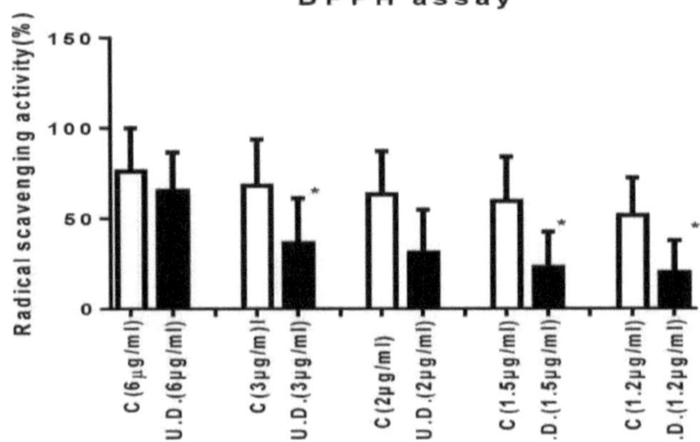

Nota-* representa significância p<0,05

C - controlo

D.U.- Depressão Unipolar

No caso do ensaio DPPH, a atividade de eliminação de radicais (RSA) está significativamente diminuída (p<0,05) no caso de doentes deprimidos em comparação com o controlo, o que é aprovado por dados como a RSA máxima no caso do controlo é de 76,24%, mas no caso da depressão é de 65,25%.

Fig no. 2- Gráfico da atividade da catalase

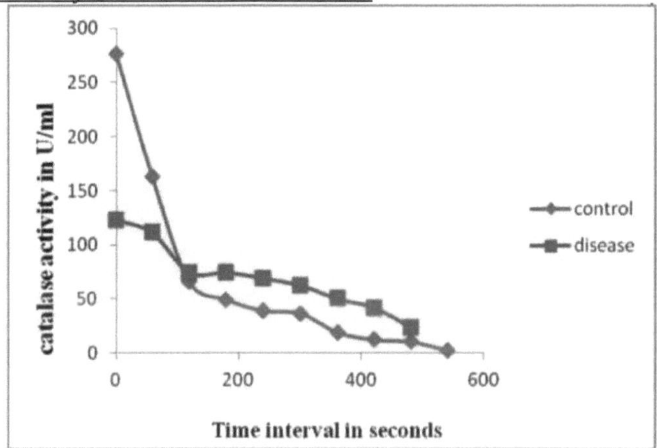

No caso do ensaio da catalase, a atividade da enzima catalase é elevada em comparação com o controlo. No caso dos doentes deprimidos, a atividade enzimática mais elevada é de 276,23U/ml, mas no caso do indivíduo de controlo é de 123,42U/ml.

Ensaio de peroxidação lipídica:

Fig. no. 3 Ensaio de peroxidação lipídica

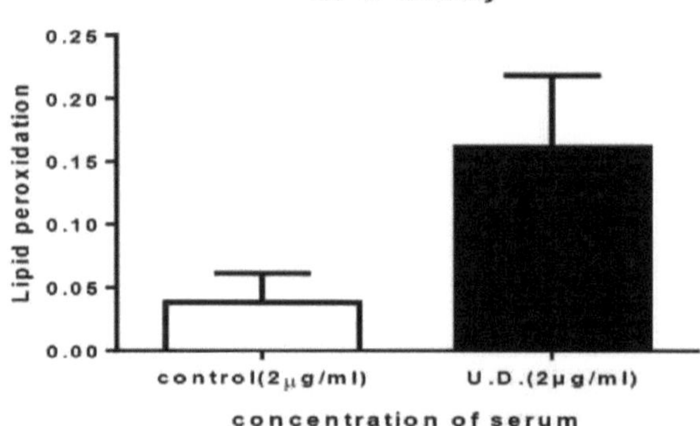

In graph data represented as mean $\pm$ S.E.

No caso do ensaio de peroxidação lipídica, verifica-se um aumento significativo da taxa de peroxidação lipídica no doente em comparação com o controlo, ou seja, há um excesso de produção de MDA (malondialdeído) devido ao elevado nível de peroxidação lipídica.

Análise de imagens de gel de SDS-PAGE (perfil de proteínas):

Ensaio SDS-PAGE:

Fig. 4: Imagem do gel gerada a partir da análise da página SDS

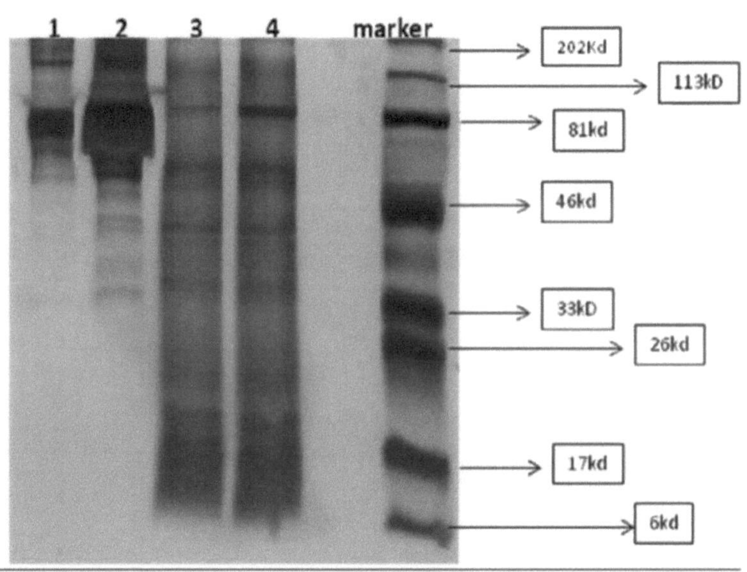

Details of sample loaded in the gel

S.no.	category	Age	Gender	Conc.ng/uL
1	Diseased	22	Male	245.2
2	control	22	Male	588
3	Diseased	25	Male	564.4
4	control	25	Male	513.2

Comparando a amostra doente no. 1 e as amostras de controlo no. 2, a amostra doente apresenta uma menor concentração de proteínas em comparação com a amostra de controlo, especialmente entre os intervalos de 81 kd e 46 kd.

Comparando a amostra doente no. 3 e as amostras de controlo no. 4, ambas as amostras têm uma concentração quase semelhante, mas a amostra doente tem uma banda fina a 81kd em comparação com o controlo.

Fig. 5: Imagem do gel gerada a partir da análise da página SDS

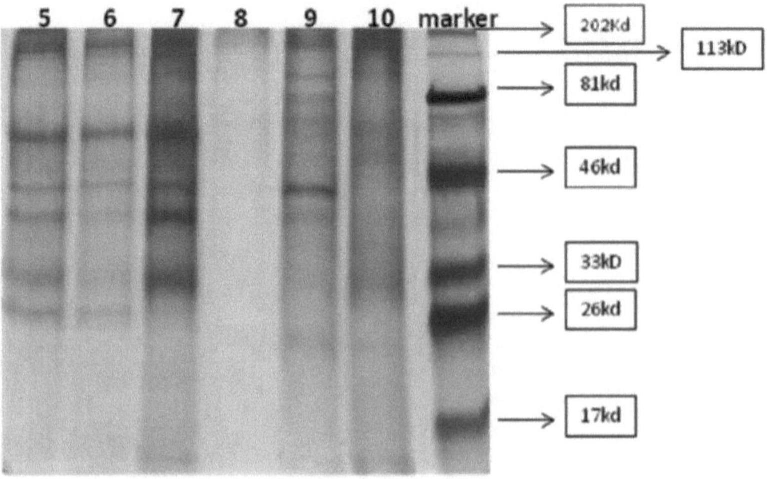

Details of sample loaded in the gel

5	control	38	Female	360.8
6	Diseased	38	Male	385.4
7	control	35	Male	342
8	Diseased	35	Male	76
9	control	22	Male	649.3
10	Diseased	22	Female	600

Comparação entre a amostra de controlo n.º. 5 e a amostra doente no. 6, ambas as amostras têm uma concentração quase semelhante, mas a amostra doente tem uma banda fina entre as
de 46kd-33kd. Em especial, há quase ausência ou uma banda muito fina aos 33kd em comparação com o controlo.

Comparando a amostra de controlo no. 7 e a amostra doente no. 8, ambas as amostras apresentam uma grande diferença na concentração de proteínas e perda de bandas específicas de proteínas na amostra doente.

Comparando a amostra de controlo no. 9 e a amostra doente no. 10, ambas as amostras têm uma concentração quase semelhante, mas a amostra doente não apresenta qualquer banda acentuada quando comparada com o marcador.

Conclusão

O número de factores que dão origem ao stress oxidativo, que é letal para as células, especialmente para as células neurais, já descrito por (Flovd, et al.;2011), Após a realização do teste bioquímico e dos dados de perfil proteico obtidos, verificam-se as seguintes alterações

Ensaio bioquímico

Ensaio DPPH/ensaio de eliminação de radicais:

A diminuição significativa da atividade de eliminação de radicais em doentes com depressão unipolar indica que o sistema antioxidante do doente não é capaz de neutralizar a produção excessiva de radicais.

Atividade da catalase:

Observa-se um nível elevado de atividade da catalase em doentes deprimidos, em comparação com o controlo, e esta elevação é apoiada por alguns trabalhos de investigação como (Galecki P.et al.) e (de Sousa R.T. et al.)

Ensaio de peroxidação lipídica:

Observa-se um aumento significativo da peroxidação lipídica nos indivíduos deprimidos, o que indica que, devido ao enfraquecimento do sistema antioxidante, há um aumento do nível de peroxidação lipídica que dá origem a um nível elevado de MDA.

Ensaio de caraterização de proteínas

Ensaio SDS-PAGE:

Ao observar as bandas do gel da amostra de soro de controlo e da amostra de soro doente, pode observar-se que as amostras doentes têm uma baixa concentração de proteínas. Em alguns casos, a concentração de proteínas tanto da amostra doente como do controlo tem um contraste muito menor nas suas concentrações, mas as imagens das amostras doentes mostram bandas muito finas ou manchas. Assim, pode prever-se que a amostra doente está a sofrer degradação, o que pode levar à alteração da estrutura da proteína, o que pode afetar ainda mais a função da proteína. O aumento do stress oxidativo e o mau funcionamento dos antioxidantes (enzimas) podem ser a razão da ausência ou da degradação das proteínas.

Inter-relação do teste efectuado

A diminuição do ensaio de eliminação de radicais indica a perda de atividade antioxidante suficiente no doente. Uma vez que a atividade antioxidante é realizada por um grupo de enzimas, pode prever-se que algumas enzimas não conseguiram realizar a sua atividade de eliminação de radicais, o que pode, em última análise, dar origem a stress oxidativo. Este elevado nível de stress oxidativo conduziu a um nível elevado de atividade da catalase devido à falha de outras enzimas antioxidantes, mas o aumento do nível de peroxidação lipídica, ou seja, a produção de MDA, indica que o nível elevado de catalase não é capaz de estabilizar completamente o aumento do stress oxidativo. Este aumento do nível de peroxidação lipídica leva à diminuição do tempo de vida dos neurónios, diminui a expressão dos neurofilamentos, reduz a estabilidade das membranas e também afecta a libertação de neurotransmissores.

Uma vez que o sistema supressor do stress oxidativo acima mencionado não é capaz de manter o stress oxidativo, o que pode provocar a modificação das proteínas ou a desnaturação das mesmas, o que conduz a uma alteração da atividade das enzimas (uma vez que todas as enzimas são proteínas) ou a uma alteração drástica da concentração das moléculas de proteínas.

Este estudo demonstra que os indivíduos deprimidos unipolares têm uma atividade antioxidante comprometida, que pode ser utilizada para detetar a depressão unipolar na sua fase inicial.

Aspectos futuros

Os parâmetros discutidos neste estudo podem ser aplicados para a deteção precoce.
Estes parâmetros serão mais aplicáveis se forem aplicados a uma vasta gama de
população e divididos em grupos variantes como o género e a faixa etária.

Atualmente, o painel BioM-10 Mood, um conjunto de biomarcadores periféricos de
estados de humor baixos versus estados de humor altos, é utilizado no diagnóstico de
episódios depressivos major e para monitorizar a eficácia da terapia cognitivo-
comportamental (TCC). Este painel inclui genes relacionados com as vias dos factores
de crescimento e com a mielinização, que podem fornecer novos conhecimentos sobre a
fisiopatologia da desregulação do humor. No entanto, como se trata de uma plataforma
de microarray de todo o genoma, o teste pode ser mais dispendioso e moroso
(microarray - processo de 4 dias).

Referências

- Andersen, J.K.,(2004).Oxidative stress in neurodegeneration: cause or consequência?Nat. Med. 10   :   18-25 Berk, M., Dean, O., Bush, A.I.,(2008).Oxidative stress in psychiatric disorders:evidence base and therapeutic implications. Int. J. Neuropsychopharmacol. 11: 851-876.

- Butterworth, J.,(1986).Alterações em nove marcadores enzimáticos para neurónios, glia e células endoteliais no estado agonal e no núcleo caudado da doença de Huntington. J Neurochem.:47:58

- Bloro,K.K.,Ramasarma,T.(2003).Methods for estimating LPO: An Analysis merits or demerits.40:300-308

- Cadenas, E., Davies,K.J.,(2000) Free Radic. Biol. Med. 29 :222

- Chung,P.;Schmidt,D.;MichaelStein,C.;Morrow,J.D.;Salomon,R.M.;(2012).Aumento do stress oxidativo em pacientes com depressão e a sua relação com o tratamento.206:213-216

- Cook,I.A.,(2008)Biomarcadores em Psiquiatria: Potentials, Pitfalls, and Pragmatics.15:54-59

- Doinia,D.,Filip,A.,Decea,N.(2008).Efeitos oxidativos após terapia fotodinâmica em ratos.64:364-369

- Durackova,Z.(2009)Some. Current Insights into Oxidative Stress Institute of Medical Chemistry, Biochemistry and Clinical Biochemistry, Faculty of Medicine.59:459-469

- Elsaadani, M., Esterbauer H., Elsayed, M., Goher M., Nassar AY, Jurgens G A(1989) ensaio espetrofotométrico para peróxidos lipídicos em lipoproteínas séricas utilizando um reagente disponível no mercado.30: 627-630

- Fiedorowicz,M.; Grieb,P.;Nitrooxidative Stress and Neurodegeneration Mossakowski Medical Research Centre, Polish Academy of Sciences

- Finand,J.,Lac,S.,(2006).Oxidative stress.36:328-353

- Frenander,B.,Gamma,C.S.,et al.(2009). Fator neurotrófico derivado do cérebro sérico na depressão bipolar e unipolar: uma potencial ferramenta adjuvante para o diagnóstico diferencial. 1-5

- Frokjaer, V.G., Vinberg, M., Erritzoe, D., Baare, W., Holst, K.K., Mortensen, E.L., Arfan, H., Madsen, J., Jernigan, T.L., Kessing, L.V., Knudsen, G.M.,(2010) Familial risk for mood disorder and the personality risk fator, neuroticism, interact in their association with frontolimbic serotonin 2A recetor binding. Neuropsychopharmacology.

- Galecki P., Szemraj J., Bie'nkiewicz M., Florkowski A., e Galecka E., "Lipid peroxidation and antioxidant protection in patients during acute depressive episodes and in remission after fluoxetine treatment," Pharmacological Reports, vol. 61,no. 3, pp. 436-447, 2009

- Gould, E.,(2007).How widespread is adult neurogenesis in mammals? Nature Reviews. Neurociência .8:481-488

- Gonsette,R.E.,(2008). Neurodegeneração na esclerose múltipla: O papel do stress oxidativo e da excitotoxicidade.274:48-53

- Grover,S.,Avasthi,A.,Dutt,A.(2010).An overview of Indian research in Depression.52:178-188

- Goth, L.(1991).Um método simples de determinação da atividade da catalase e revisão do intervalo de referência.19:(143-152)

- Grotto,D., Maria,L.S., Valentini,J.et al.,(2000).Importância dos biomarcadores da peroxidação lipídica e aspectos metodológicos para a quantificação do malondialdeído.(2000)

- Hames, B. D. e Rickwood, D., (1990).Gel Electrophoresis of Proteins: A Practical Approach, 2, p. 17, Oxford University Press, New York

- Hazra,K.T.,Hazra,B.,Bhakat,K.K.,Hegde,M.L.,Mantha,A.K.(2012)Oxid ative genome damage and its repair: Implications in aging and neurodegenerative diseases.133:157-168

- Hill,N.M.,Hellemans,K.G.C.,Verma,P.,Winberg,J.(2012). Neurobiologia de stress crónico ligeiro: Paralelos com a depressão maior.36:298-299.

- Hung,C.H.;Chen,Yu.C.;Hsieh,W.L.;Kao,C.L.;(2010) .Ageing and neurodegenerative diseases.95:536-546

- Martínez F.C., F. León-Vázquez, A. Payá-Pardo, and A. Díaz-Holgado, "Utilização de recursos de saúde e perda de produtividade em pacientes com perturbações depressivas atendidos nos Cuidados de Saúde Primários: Estudo INTERDEP," Actas Españolas de Psiquiatría, vol. 42, no. 6, pp. 281-291, 2014. Ver no Google Scholar

- Mathers C.D. and Loncar D., "Projections of global mortality and burden of disease from 2002 to 2030," PLoS Medicine, vol. 3, no. 11, pp. 2011-2030, 2006. Ver no Publisher - Ver no Google Scholar - Ver no Scopus

- Migliore, L., Fontana, I., Colognato, R.,Coppede, G.,(2005)Searching for the role and the most suitable biomarkers of oxidative stress in Alzheimer's disease and in other neurodegenerative diseases.26:587-595

- Milders, M., Bell,S., Platt,S., Serrano, R., Runcie, O.(2009)Stable Anomalias no reconhecimento da expressão na depressão unipolar. Muller,N.,Myint, Aye. Mu.(2011) Biomarcadores inflamatórios e Depression.19;308-318

- Rowdin, B.S.,Mellon,S.H. et al.(2012).Relação desregulada da inflamação e do stress oxidativo na depressão major.:1-10
- Osphal,J.A.,Aye,T.T.,et al.(2012).Proteomics of cerebral spinal fluido:Descoberta e verificação de   candidatos a biomarcadores   em doenças neurodegenerativas utilizando a proteómica quantitativa.74:374-388

- Krishnan, V., Nestler, E.J., (2008). A neurobiologia molecular da depressão. Nature.455,:894-902.

- Kathryn,L.,Schaefer,L.T.,Bauman,J.,Rich,A.B. (2010)Perceção da emoção facial em adultos com depressão bipolar ou unipolar e em controlos.44:1229-

1235

- Lente,F.V.;Popp,M.;(1990)determinação enzimática acoplada da atividade da catalase nos eritrócitos.36:1339-1343

- Letelier,E,Troncoso,J.C,et al.,(2007) DPPH and oxygen free radicals as pro-oxidant of biomolecules.22:279-288

- Nielsen,F.,Mikkelsen,B.B.(1997).Plasma MDA as biomarker for oxidative stress:refrence interval and effects of life style fator.43:1209- 1214

- Rawdin, B.S.; Mellon, S.H.; Dhabhar, F.S.; Puterman,E.;Su,P.Wolkowitz, O.M.;et al.(2011).Dysregulated relationship of Inflammation and oxidative stress in major depression.676-692

- Robinson,D.S.,(2007).Aumento dos níveis cerebrais de MAO-A na perturbação depressiva major.12:32-34

- Russo-Neustadt, A., Beard, R.C., Cotman, C.W.,(1999). Exercício, medicamentos antidepressivos e aumento da expressão do fator neurotrófico derivado do cérebro. Neu ropsychopharmacology.21: 679-682

- Pinchuk, I., Shoval, Y., Doyan, D., Licthenberg (2012). Avaliação de antioxidantes: Scope, limitations and relevance of assays.165:638-647

- Seco,M.,Wilson,K.M.,(2006)Serum Biomarkers of Neurologic Injury in CardiacOperations.94:1026-1033

- Serra, J.A.; Dominguez, R.O.;(2001) de Lustig, E.S.; Guareschi, E.M.; Famulari;A.L.; Bartolomé, E.L.; et al. Parkinson's disease is associated with oxidative stress: comparison of peripheral antioxidant profiles in living Parkinson's, Alzheimer's and vascular dementia patients J Neural Transm.
- Seth, P.K.; Chandra, S.V.;(1984) Neurotransmissores e receptores de neurotransmissores em ratos adultos e em desenvolvimento durante o envenenamento por manganês.
  Neurotoxicologia;5:67-76
- Sies, H.;. Stress oxidativo: observações introdutórias. In: Sies H, editor. Oxidative stress.London: Academic Press; (1985). .
- Sheline, Y.I.,(1966) .Hippocampal atrophy in major depression: a result of depression induced neurotoxicity? Molecular Psychiatry1, 298-299.
- Shelton, R.C., Hal Manier D., Lewis, D.A.(2009). Proteínas quinases A e C no córtex pré-frontal post-mortem de pessoas com depressão major e controlos normais.International Journal of Neuropsychopharmacology (2009).
- Shukla,V. ,Mishra,S.K., Pant,H.C.,(2011)Oxidative Stress in Neurodegeneration.Laboratory of Neurochemistry, National Institute of Neurological Disorders and Stroke, National Institutes of Health, Bethesda, MD 20892, USA Molecular Genetics Unit, Laboratory of Sensory Biology, NIDCR, NIH, Bethesda, MD 20892, USA:1-14
- Shudha, K.,Rao, A., Rao, S.,(2003).Toxicidade dos radicais livres e antioxidantes na doença de parkinsons.51;60-62 Willner,P.,Belzung,C.,et al.(2012). A neurobiologia da depressão e a ação dos antidepressivos: 1-41
- Willner,P.,Belzung,C.,et al.(2012). A neurobiologia da depressão e a ação dos antidepressivos:1-41
- Youdim,M.B.H.; P. (2011)Riederer, J. Neurochemistry. 118 :939.

APÊNDICE

<u>***Reagentes para ensaio de proteínas***</u>

Reagentes: -1) Solução A: -2%Na2CO3 em 0,1N de NaOH.

2) Solução B: - 0,5%CuSo4.5H2o em 1% de tartarato de Na-K.

3) Solução C: - solução A e solução B misturadas na proporção de 50:1.

4) Reagente de folinas e fenol de ciolcateau: - por mistura do reagente de folinas.

<u>***Reagentes para o ensaio DPPH***</u>

1mM de solução de DPPH em metanol.

<u>***Reagentes para o ensaio da catalase***</u>

Tampão de fosfato de potássio 0,05M, pH-7,0.

Peróxido de hidrogénio 0,059M (30%) em tampão fosfato de potássio 0,05M.

Reagentes para SDS-PAGE
<u>Composição do tampão de amostra 5X:</u>

S.no.	Reagent	vol/weight
1	SDS	10% W/V
2	Dithiotheritol	10 mM
3	Glycerol	20% v/v
4	Tris Hcl, pH6.8	0.2 M

Azul de bromofenol - 0,05% p/v em ureia 8 M para proteínas hidrofóbicas.

S.no.	Reagent	vol/weight
1	Tris Hcl, pH6.8	25 mM
2	Glycine	200 mM
3	SDS	0.1 %w/v

1x Solução de gel de corrida

Para diferentes aplicações aumentadas para a percentagem de acrilamida desejada, preparar trinta ml de gel de corrida seleccionando uma das seguintes percentagens e misturando os ingredientes indicados abaixo. Depois de adicionar TEMED e APS, o gel polimeriza-se rapidamente, por isso não os adicione até ter a certeza de que está pronto para verter.

Resolving gel composition	7%	10%	12%	15%
H_2O	15.3 ml	12.3 ml	10.2 ml	7.2 ml
1.5 M Tris-HCl, pH 8.8	7.5 ml	7.5 ml	7.5 ml	7.5 ml
20% (w/v) SDS	0.15 ml	0.15 ml	0.15 ml	0.15 ml
Acrylamide/Bis-acrylamide (30%/0.8% w/v)	6.9 ml	9.9 ml	12.0 ml	15.0 ml
10 %ammonium persulfate (APS)	0.15 ml	0.15 ml	0.15 ml	0.15 ml
TEMED	0.02 ml	0.02 ml	0.02 ml	0.02 ml

Stacking Gel Solution (4% bAcrylamide):

H_2O	3.075 ml
0.5 M Tris-HCl, pH 6.8	1.25 ml
20% (w/v) SDS	0.025 ml
Acrylamide/Bis-acrylamide(30%/0.8% w/v)	0.67 ml
(APS)	0.025 ml
TEMED	0.005 ml

I want morebooks!

Buy your books fast and straightforward online - at one of world's fastest growing online book stores! Environmentally sound due to Print-on-Demand technologies.

Buy your books online at
www.morebooks.shop

Compre os seus livros mais rápido e diretamente na internet, em uma das livrarias on-line com o maior crescimento no mundo! Produção que protege o meio ambiente através das tecnologias de impressão sob demanda.

Compre os seus livros on-line em
www.morebooks.shop

Printed by Books on Demand GmbH, Norderstedt / Germany